LE
CABLE TRANSATLANTIQUE

ENTRE NEW-YORK ET L'EUROPE

PAR LES AÇORES

LE
CABLE TRANSATLANTIQUE

ENTRE NEW-YORK ET L'EUROPE

PAR LES AÇORES

1. OBJET DE LA NOTE.

L'objet de ce travail est de démontrer par des faits et des chiffres que l'entreprise du câble transatlantique des Açores est la solution de l'importante question des communications télégraphiques rapides, sûres et à bon marché, entre l'Europe et les États-Unis; c'est la seule entreprise qui puisse réduire et maintenir le tarif des dépêches entre les deux continents au taux de un schelling (1 fr. 25) par mot, tout en procurant a ses actionnaires un dividende très-satisfaisant.

2. LE CABLE TRANSATLANTIQUE DES AÇORES.

Le câble transatlantique des Açores mettra en communication, sans besoin de lignes de terre intermédiaires, la ville de New-York avec la France et l'Angleterre. Plus tard, par des embranchements, il sera relié avec d'autres parties importantes de l'Europe qui seront dénommées plus loin.

Le câble partira de la ville même de New-York, et viendra atterrir, en premier lieu, à l'île Flores, du groupe des Açores ; c'est de là qu'il se dirigera sur la France et l'Angleterre, atterrissant, dans le premier pays, à Brest ou au Havre, dans le second, à Land's End.

L'entreprise a été conçue et préparée par une compagnie américaine appelée : **« La Compagnie du Câble américain »** qui s'est formée à New-York en 1869, dans le but de procurer au public des communications télégraphiques *à bon marché,* tout en assurant aux actionnaires un dividende rémunérateur.

La station de New-York sera d'une importance exceptionnelle. C'est que la ville de New-York est non-seulement la métropole de commerce du nouveau monde ; elle est encore le centre d'où rayonnent les innombrables fils télégraphiques qui couvrent l'immense territoire des États-Unis. La presque totalité des dépêches échangées entre l'Europe et l'Amérique, ou proviennent de cette place, ou lui sont destinées, ou y passent en transit.

La station des Açores fournira, elle aussi, une certaine quantité de dépêches. Situé par le 38ᵉ degré de latitude, au centre de l'Atlantique, ce groupe d'îles se trouve à proximité du passage de nombreux navires à voiles et à vapeur qui sillonnent l'Océan. Ceux-ci profiteront de la station télégraphique, à leur disposition, pour donner et avoir des nouvelles, transmettre et recevoir des avis.

Par la station de Brest ou du Havre, sur la côte de France, le câble transatlantique des Açores se reliera au réseau télégraphique de la France et du continent européen.

La station du câble, sur la côte anglaise, étant à Land's End, c'est là qu'il se rattachera au réseau des Iles-Britanniques ; cette station aura une importance toute particulière ; elle est à une faible distance des grands centres commerciaux de l'Angleterre.

La Compagnie américaine ne s'est pas bornée à obtenir les droits d'atterrissements qui lui étaient nécessaires pour l'établissement de ses câbles, elle a passé un contrat avec une des meilleures maisons de Londres pour la fabrication et la pose desdits câbles, la fourniture des instruments et appareils de travail, l'installation des stations, en un mot, la mise en opération, en ordre parfait, du système entier. Ses câbles seront de la confection la plus soignée, et capables de transmettre de **20** à **25** mots par minute, garanti par le constructeur.

L'exécution des travaux exigerait de quinze à vingt mois.

La Compagnie s'est, en outre, assurée l'usage exclusif d'inventions et d'instruments nouveaux en télégraphie, au moyen desquels, si de nouvelles expériences, qui auront lieu prochainement, confirment les résultats donnés par des essais antérieurs, il serait possible de doubler le nombre de mots ci-dessus, c'est-à-dire de transmettre de 40 à 50 mots par minute, vitesse qu'on est loin d'obtenir avec les instruments actuellement employés.

Le capital nécessaire pour l'entreprise restreinte à la mise en communication télégraphique ci-dessus indiquée, de la ville de New-York avec la France et l'Angleterre, ne dépassera pas £ 1,600,000 (40,000,000 de francs), y compris un steamer de service de 1,700 tonnes, avec toutes ses machines et appareils pour relever les câbles à toute profondeur, et les réparer au besoin, et y compris également un fonds de roulement et de réserve, en caisse, de £ 100,000 (2,500,000 fr.).

Après la mise en opération de ce premier câble, on jugera de l'utilité qu'il y aurait à le prolonger jusqu'à Amsterdam, en le faisant atterrir, dans le passage, sur la côte belge, à Anvers ; ce sont deux places du premier ordre et en relations d'affaires suivies avec celle de New-York. On déciderait encore, si, pour répondre au désir du Gouvernement portugais, il y aurait lieu aussi de rattacher la station des Açores avec Lisbonne. Le grand intérêt de cette dernière station, c'est que le câble venant de New-York par les Açores s'y rencontrerait avec les câbles qui déjà y aboutissent, venant du Brésil et de l'Extrême Orient. On continuerait ultérieurement l'embranchement jusqu'à Gênes (Italie), si on le jugeait avantageux.

3. LES CABLES TRANSATLANTIQUES ACTUELS.

Les câbles transatlantiques, aujourd'hui en fonction, appartiennent à deux entreprises différentes : l'une appelée « L'Anglo-Américain » et l'autre « Le Direct ».

Les câbles de « L'Anglo-Américain » sont au nombre de cinq, dont quatre partent de Valentia, localité isolée, à l'extrémité occidentale de l'Irlande, et un de Brest sur la côte de France ; ce premier groupe de câbles comprend, en outre, quelques lignes de terre, dites « Les lignes de Terre-Neuve ».

La seconde entreprise, « Le Direct », ne possède qu'un câble, dont le point de départ, en Europe, est aussi à Valentia (Irlande).

Tous ces câbles passent par les parages de Terre-Neuve ; et « Le Direct » est posé sur les parties les plus mauvaises de cette route. Ils se terminent en Amérique en divers points : à Terre-Neuve, à Rye Beach (New-Hampshire); à Duxbury (Massachusets), à Torbay et à Port-Hastings (Nouvelle-Écosse). Ce sont des points déserts de la côte américaine, tous fort éloignés des centres d'affaires, et notamment de la ville de New-York, dont ils sont séparés par des distances variant de 350 à 1,200 milles (560 à 1,900 kilomètres).

Ces six câbles ne mettent en communication télégraphique que trois contrées : les État-Unis, la France et l'Angleterre, et, comme nous l'avons fait observer, en des points tellement écartés des centres d'affaires, qu'il en coûte presque autant, pour faire arriver les dépêches desdits centres aux points d'atterrissement, et réciproquement, qu'il en coûtera pour les transmettre de continent à continent par le câble des Açores.

Le capital de « L'Anglo-Américain », entreprise formée de la fusion de cinq câbles et des « lignes de Terre-Neuve », est de £ 7,000,000, ainsi réparti, à la fusion :

Anglo-Américain. — Capital à l'origine.. . £	1,675,000	»		
Majoration. . . . . . £	873,450	»		
			2,548,450	»
Câble Français. — Capital à l'origine. . . £	1,650,000	»		
Majoration . . . . . . £	1,801,550	»		
			3,451,550	»
Lignes de Terre-Neuve. — Capital à l'origine £	300,000	»		
Majoration . . . £	700,000	»		
			1,000,000	»
Capital total actuel. . . . . £			7,000,000	»
Total du capital à l'origine. . . . . £			4,188,520	»
Majoration. . . . . £			2,811,480	»
			7,000,000	»

Ainsi la majoration qu'on a fait subir au capital d'origine est de 67 1/8 0/0. Les actions, au pair de l'argent déboursé, vaudraient 59 4/5 ; elles se négocient de 58 à 85.

L'entreprise n'avait, lors de la fusion, que trois câbles ; il en a été posé deux autres depuis, en partie avec les bénéfices, pour environ £ 1,000,000 (25 millions de francs), qui, ajoutés aux £ 7,000,000 ci-dessus, porteraient le capital de l'entreprise, comprenant cinq câbles plus les « lignes de Terre-Neuve », à £ 8,000,000 (200 millions de francs).

Le capital du « Direct » n'est que de £ 1,300,000 ; mais il a été émis pour £ 100,000 d'obligations remboursables au moyen des recettes ; les sommes absorbées par cette entreprise ne sont donc pas inférieures à £ 1,400,000 (35 millions de francs).

Si nous totalisons les capitaux, qui représentent les câbles atlantiques actuels et les « lignes de Terre-Neuve », nous arrivons à £ 8,300,000 (207,500,000 de francs).

Et si nous évaluons en actions la représentation des lignes de terre et des câbles aujourd'hui nécessaires pour relier télégraphiquement la ville de New-York, avec la France, l'Angleterre, la Hollande, la Belgique, le Portugal et l'Italie, sûrement le montant total dépasserait £ 10,000,000 (250 millions de francs).

4. COMPARAISON ENTRE LE CABLE DES AÇORES ET LES CABLES ACTUELS.

Le capital de l'entreprise des Açores, limitée à la mise en communication télégraphique de la ville de New-York avec la France et l'Angleterre, ne dépassera pas £ 1,600,000 (40 millions de francs) ; il ne sera pas même le *cinquième* de celui des lignes de terre et des câbles actuellement employés pour la même communication.

Si le réseau était exécuté au complet, c'est-à-dire reliant directement, sans besoin de lignes de terre intermédiaires, les sept grands pays producteurs ou centres d'affaires indiqués plus haut, — États-Unis, France, Angleterre, Anvers, Amsterdam, Lisbonne et Gênes, — le capital de l'entreprise ne serait pas supérieur à £ 3,000,000 (75 millions de francs), c'est-à-dire qu'il n'atteindrait pas le *tiers* du capital représentant l'ensemble des lignes et câbles aujourd'hui nécessaires pour les communications télégraphiques de ces mêmes centres.

On a souvent remarqué que le plus grand nombre des dépêches transmises par les câbles viennent d'Angleterre et y vont. Que les dépêches se centralisent aujourd'hui en Angleterre, cela s'explique par le fait que le plus grand nombre des câbles, cinq sur six, ont leur atterrissement à Valentia, sur la côte d'Irlande. Mais ce serait une erreur de croire que l'Angleterre est seule à fournir et recevoir des dépêches et que le continent n'en reçoit et n'en expédie qu'un petit nombre. Comment expliquerait-on le fait qu'en 1871 le produit des dépêches transmises par le câble alors entre les mains des Français, celui qui part de Brest et ne communique pas avec l'Angleterre, a été, en moyenne, y compris les dimanches, de £ 1,750 (43,750 fr.) par jour ? Cette même année, les câbles anglais, tous ensemble, faisaient juste la même moyenne de recettes.

La centralisation des dépêches, en Angleterre, tient à des circonstances accidentelles et passagères. Aussitôt le câble des Açores établi, cet état de choses changera. Le câble des Açores atterrissant en France et en Angleterre, aura sa part des dépêches anglaises et françaises ; nous la préciserons plus loin. Il n'est pas inutile non plus de faire observer que, lorsque le réseau des Açores aura reçu le complément indiqué plus haut, c'est-à-dire lorsqu'il aura des points d'atterrissement à Anvers, à Amsterdam, à Lisbonne et à Gênes, il interceptera toutes les dépêches qui proviennent ou passent par ces centres télégraphiques : à *Amsterdam* ou à *Anvers* celles *de* ou *pour* la Hollande, l'Allemagne, le Danemark, la Norwége, la Suède, la Russie ; à *Gênes,* celles *de* ou *pour* l'Italie, l'Autriche méridionale, les provinces Danubiennes, la Turquie ; et à *Lisbonne* celles *de* ou *pour* le Portugal, l'Espagne, le Brésil, la Méditerranée, l'Orient, l'Inde, la Chine, le Japon, l'Australie.

Du reste, circonstance de nature à développer grandement le nombre des dépêches, par le câble des Açores, le public fera l'économie des frais que coûte aujourd'hui la transmission entre les divers centres et les points d'atterrissement des câbles actuels, soit en Europe, soit en Amérique ; et ces frais sont tels que l'entreprise du câble par les Açores pourrait, dans le cas d'une concurrence de tarifs, donner un dividende à ses actionnaires, seulement avec le montant de ces frais épargnés, en fournissant le service de ses câbles pour rien.

5. ROUTES DES CABLES.

Les mers de Terre-Neuve, par où passent tous les câbles aujourd'hui en fonction, sont d'une navigation difficile ; elles abondent en tempêtes, brouillards, montagnes de glace ; ce sont autant d'obstacles pour l'établissement et la conservation des câbles. Les causes qui retardèrent, pendant près d'un an et demi, de mai 1874 à septembre 1875, la pose du « Câble direct des États-Unis » par « Le Faraday », ne furent pas autres.

En outre, le fond de ces mers, surtout aux environs de Terre-Neuve et sur un parcours de plus de 500 milles (800 kilomètres), est très-peu profond ; il est formé de galets et de débris de roches que les courants du Nord y roulent sans cesse, première cause d'avaries pour les câbles qui reposent sur ce fond. De plus, ces parages sont fréquentés par de nombreux navires de pêche, dont les ancres, jetées sur ce fond plat, accrochent les câbles, seconde cause d'avaries. Enfin, il est arrivé que la malveillance a pu, grâce au peu de profondeur des eaux, soulever les câbles et les couper.

La route de Terre-Neuve est si manifestement mauvaise qu'il n'est pas possible de comprendre qu'on ait pu l'adopter et la suivre exclusivement jusqu'ici, pour la pose des câbles atlantiques, à moins de savoir que l'établissement du premier câble par cette route fut le moyen habile de ressusciter les lignes qui reliaient Terre-Neuve avec le continent américain. Ces lignes étaient représentées par un stock de £ 300,000 (7,500,000 fr.) en actions de £ 25 ou 500 francs. Les actions étaient tombées à 10 pence (1 fr.). Des spéculateurs américains en ramassèrent le plus possible dans ces prix ; ils formèrent en même temps une société pour poser un câble, de la côte de Terre-Neuve à la côte d'Irlande, faisant suite aux câbles qui rattachaient Terre-Neuve au continent américain. Ils ménagèrent entre cette Société et la Compagnie des « Lignes de Terre-Neuve » un arrangement suivant lequel celle-ci devait avoir le tiers du prix des dépêches ; et le câble une fois établi, on porta le capital ci-dessus indiqué de £ 300,000 (7,500,000 fr.) à £ 864,520 (21,613,000 fr.) ; et on en écoula les actions au pair sur la place de Londres. On a fait mieux encore depuis : on a réussi à faire comprendre cette même operation dans la grande fusion de « L'Anglo-Américain » avec une nouvelle majoration de £ 135,480 (3,387,000 fr.).

Cette fortune toute artificielle de l'entreprise première de Terre-Neuve, but poursuivi avec tant de succès, est, au moins pour les câbles de « L'Anglo-Américain », l'explication peu connue du choix de la route suivie par ces câbles.

La pose du câble de Brest par les mêmes parages fut décidée par des considérations différentes. On savait que la vitesse de transmission diminue dans les câbles, en raison inverse du carré des longueurs: ainsi un câble capable de transmettre 20 mots par minute, à 1,000 kilomètres de distance, ne peut plus en transmettre que 5 à 2,000. Il était donc impraticable de jeter un câble franchissant d'un trait le long trajet de Brest à la côte américaine. L'île de Saint-

Pierre-Miquelon, située dans les mers de Terre-Neuve, à une notable distance du continent américain, apparut, dans ces circonstances, comme une ressource pour diviser le câble projeté en deux sections, et aussi comme un expédient précieux pour éviter le tribut de 33 1/3 0/0 payé, par les câbles alors existants, aux lignes de terre dénommées, dans ce qui précède, les « lignes de Terre-Neuve ». Ce fut ainsi qu'on dirigea le câble de Brest sur l'île de Saint-Pierre et de là sur Duxbury, en Amérique, par les mers de Terre-Neuve.

Il est plus difficile d'expliquer que l'on ait encore suivi cette même route de Terre-Neuve, pour le dernier câble posé, « Le Direct ». On ne peut s'en rendre compte que par la précipitation qui a caractérisé la constitution de cette entreprise. Cette création a été une erreur, les faits se sont chargés de le démontrer ; et il est à craindre que malgré la bonté du câble, l'affaire ne soit ruineuse pour ses actionnaires.

Maintenant, à la route par Terre-Neuve, dangereuse et détournée, nous l'avons démontré, la **Compagnie du Câble américain** oppose la route par les Açores. Non-seulement cette dernière n'a aucun des inconvénients et des dangers de la première, mais elle a des avantages qui lui sont propres. Ainsi, elle passe à plusieurs centaines de milles au Sud des bancs dangereux de Terre-Neuve ; les mers qu'elle suit sont d'une navigation beaucoup moins difficile ; les tempêtes et les brouillards y sont plus rares ; les montagnes de glace n'y paraissent jamais ; avant d'y pouvoir arriver, elles ont été fondues par l'eau chaude du *Gulf stream,* qui les heurte à leur passage dans le voisinage de Terre-Neuve. Les eaux de ces mers sont profondes ; le fond en est vaseux ; les câbles y seront en sécurité contre l'ancrage des navires et contre la malveillance ; enfin, la situation du petit archipel des Açores, presque à égale distance des deux continents, fournit le moyen de partager le câble en deux sections dont aucune n'est assez longue pour gêner la rapidité de la transmission des dépêches.

La supériorité de la route des Açores sur celle de Terre-Neuve, pour les câbles atlantiques, est telle, qu'elle suffira à assurer au Câble des Açores le contrôle absolu du trafic des dépêches entre les deux hémisphères.

6. DES DOUBLES CABLES.

C'est une idée erronée que de croire qu'une entreprise de télégraphie à travers les mers n'a de sûreté qu'à la condition d'avoir plusieurs câbles.

L'entreprise de Brest, avant sa fusion avec les services composant l'Anglo-Américain, n'avait qu'*un* câble en deux sections ; l'une de Brest à Saint-Pierre-Miquelon, et l'autre de Saint-Pierre à Duxbury. La première immergée en eaux profondes, à quelque distance des bancs de Terre-Neuve, n'a pas cessé de fonctionner consécutivement pendant sept années, sans éprouver d'interruption. Le seul accident qui soit survenu à ce câble, dans la section dont nous parlons, a eu lieu l'an dernier, et il a été réparé en peu de jours.

Avec son unique câble, cette entreprise faisait, en 1871, jusqu'à £ 638,750 (15,968,750 fr.) de trafic dans son année ; ses frais d'exploitation ne dépassaient pas £ 30,000 (750,000 fr.) et ses frais d'entretien £ 3,000 (75,000 fr.).

L'entreprise des Açores débutera par un simple câble, sauf plus tard à en augmenter le nombre, au fur et à mesure des besoins du service. Sa section la plus longue, de New-York aux Açores, aura 800 kilomètres de moins que celle du câble de Brest à Saint-Pierre-Miquelon. Elle passera à plusieurs centaines de kilomètres au sud des bancs de Terre-Neuve ; dans tout son parcours, le câble sera immergé en eaux profondes ; il courra moins de risques encore que le câble de Brest à Saint-Pierre.

Quand un câble a été parfaitement fabriqué et bien posé, les mêmes causes qui lui préjudicieraient, les circonstances étant les mêmes, nuiraient à deux et à un nombre quelconque. Il est permis de dire qu'en dehors de ce qui est nécessaire à la marche régulière du service, plus une compagnie possède de câbles, et plus c'est onéreux pour elle.

7. NOUVEL INSTRUMENT TÉLÉGRAPHIQUE.

La Compagnie des Câbles des Açores s'est assurée l'usage exclusif d'un instrument au moyen duquel une lettre romaine peut être imprimée par chaque mouvement ou impulsion électrique envoyée à travers le câble, donnant ainsi une reproduction imprimée de chaque dépêche, au lieu de rayons de lumière momentanés produits par le réflecteur galvanomètre, lesquels s'évanouissent aussitôt que produits.

Dans le système actuel du fonctionnement des câbles, il faut une moyenne de *trois* à *quatre* impulsions ou mouvements pour produire *une lettre ;* on obtiendra, avec le nouvel instrument, sur un seul câble, dans un temps donné, près de quatre fois le nombre de lettres qu'on obtiendrait autrement. Cet instrument a été déjà mis à l'épreuve en Amérique par des hommes versés dans tout ce qui se rapporte à l'électricité appliquée (1).

D'après les arrangements que **la Compagnie du Câble américain** a pris avec l'inventeur, celui-ci doit faire à ses frais, en Europe, sous les yeux de nos savants praticiens, l'essai de ses instruments et appareils sur les câbles immergés ; et ce n'est que dans le cas où lesdits instruments donneraient d'une manière facile et pratique les résultats annoncés, que la Compagnie en devra le prix stipulé. Ce prix consistera, d'après le désir même de l'inventeur, en actions libérées de l'entreprise.

Un autre avantage qu'on obtiendrait par l'emploi de ce nouvel instrument, c'est que, combiné avec un autre appelé le « répétiteur », on pourra envoyer des dépêches *directement* de Londres à New-York, sans nouvelle transmission manuelle, à Land's End et aux Açores, et éviter ainsi tout retard. En sorte que, en fait, une impulsion donnée au bureau de Londres produira instantanément une lettre romaine imprimée au bureau de New-York, et *vice versâ*, ce qu'on ne peut pas faire avec le système du réflecteur galvanomètre actuellement employé pour le fonctionnement des câbles de l'Atlantique ; et c'est le système le plus parfait en usage.

Les avantages de ce nouvel instrument, sur le mérite duquel on ne tardera pas à être édifié définitivement, peuvent se résumer ainsi :

1° Pratiquement, il rendrait un câble aussi efficace que deux ou trois câbles ;

2° Tenant lieu d'un second ou double câble qui coûterait de £ 700,000 à £ 1,000,000, il vaudrait, pour la Compagnie, ce que coûterait ce second câble posé au fond de l'Océan.

---

(1) Voir les Annexes à la suite de la Note. (Lettre de M. Moses G. Farmer.)

8. LE TRAFIC DES DÉPÊCHES.

Le produit total des dépêches échangées par les câbles atlantiques entre les points que reliera directement le réseau de câbles des Açores ne doit pas avoir été, en 1873 et 1874, moindre de £ 1,000,000 (25,000,000 fr.).

Nous savons, d'après les comptes rendus de la Compagnie Anglo-Américaine, propriétaire des câbles qui ont fait le service, que ses recettes ont été de

> £ 776,000 (19,400,000 fr.) en 1873 ;
> et £ 703,929 (17,598,225 fr.) en 1874, soit, en moyenne,
> £ 739,964 (18,499,112 fr.) par an.

Ces sommes ne représentent pas en réalité les recettes de ladite Compagnie, mais seulement ce qui lui est resté après le payement des taxes qu'elle doit servir aux Compagnies et aux Gouvernements dont les fils télégraphiques achèvent ses communications, soit en Amérique, soit en Europe.

Ainsi, par exemple, en Amérique, les câbles de la Compagnie Anglo-Américaine s'arrêtant à Port-Hastings (Nouvelle-Écosse), la Compagnie doit, pour faire arriver ses dépêches à New-York et recevoir celles qui en proviennent, se servir des lignes de terre de « La Werstern-Union ».

Notre expérience en ce genre d'affaires et les informations que nous ont fournies les statistiques les plus dignes de foi, nous permettent d'évaluer aux 3/8ᵉˢ de la recette totale, en moyenne, le montant des taxes que les Compagnies des câbles existants payent à leurs aboutissants ou lignes terminales, soit en Europe, soit en Amérique.

D'après cette proportion, le montant desdites taxes a dû être, pour l'année 1873, de £ 291,000 (7,275,000 fr.) et de £ 263,973 (6,599,325 fr.), pour l'année 1874 ; et ces sommes, ajoutées aux recettes des câbles, publiées pour ce mêmes années, font ressortir le total payé par le public, pour prix des dépêches à travers l'Atlantique, à :

£ 1,067,000 (26,675,000 fr.) pour l'année 1873, et
£ 967,902 (24,197,550 fr.) pour l'année 1874, soit :
£ 1,017,451 (25,436,275 fr.) en moyenne — plus de 25,000,000 fr.

9. LE TARIF DE I SCHELLING PAR MOT.

Le commerce a toujours réclamé des tarifs réduits pour les communications télégraphiques, en général ; et il est persuadé, en ce qui concerne les dépêches transatlantiques, qu'elles augmenteraient dans une proportion considérable, si on en abaissait le prix à 1 schelling par mot. L'intention des promoteurs du câble des Açores est d'appliquer ce tarif ; et il n'est pas sans intérêt de signaler ce que la courte et incomplète expérience qui en a déjà été faite permet d'en espérer.

Les recettes de la Compagnie « l'Anglo-Américain » étaient, en juin, juillet et août 1874, au tarif de 4 schellings par mot, de £ 1,820, représentant 9,100 mots payants par jour ; dans les mêmes mois de l'année suivante (1875), le tarif étant de 2 schellings, ses recettes, par jour, furent de £ 1,350 représentant 13,500 mots payants transmis par jour ; et le tarif ayant été abaissé à 1 schelling, les recettes de « l'Anglo-Américain » et du « Direct » réunies, furent, d'après des informations que nous avons tout sujet de croire exactes, de £ 1,090 par jour, représentant 21,800 mots payants transmis par jour.

Ce qui rend plus significative cette progression dans le nombre de mots transmis au fur et à mesure de l'abaissement du tarif, c'est que le tarif de 1 schelling ne fut pratiqué que très-peu de temps ; et même il ne fut appliqué qu'à une partie du parcours des dépêches, de New-York à Londres et à Paris. Il n'est pas douteux que s'il avait été maintenu pendant une certaine durée, toute une année par exemple, et étendu, comme se propose de le faire l'entreprise des Açores, à tout le parcours des dépêches, le trafic eût rapidement augmenté ; et le produit aurait atteint la moyenne des années 1873 et 1874, soit £ 1,000,000 (25,000,000 fr.).

IO. RECETTES ET DIVIDENDES.

En 1871, les recettes des câbles anglais et français s'élevèrent ensemble à £ 1,229,000 (30,725,000 fr.) ; leur capital effectif montant à £ 2,875,000 (71,875,000 fr.), ils réalisèrent un dividende de 42.75 p. 0/0.

Dans les années 1873 et 1874, leurs recettes propres ont été, en moyenne, par an, de £ 739,964 (18,499,112 fr.). Nous avons démontré qu'avec les taxes payées à leurs lignes terminales, en Europe et en Amérique, les sommes payées par le public n'avaient pas dû être inférieures à £ 1,000,000 (25,000,000 fr.); de plus, nous plaçant dans l'hypothèse où le tarif serait abaissé à 1 schelling, nous croyons avoir montré que, par l'accroissement des dépêches qui serait la conséquence de la réduction du tarif, ces sommes se maintiendraient vraisemblablement à ce même chiffre de £ 1,000,000 (25,000,000 fr.).

Admettons, contre toute vraisemblance, que le versement du public puisse être fort au-dessous de ce chiffre : il suffit qu'il reste supérieur à £ 500,000 pour que la Compagnie des Açores soit dans une bonne position, parce que avec le tarif de 1 schelling par mot, seule elle pourrait fonctionner.

Le câble des Açores aura la puissance nécessaire pour transmettre le nombre de mots que comporte une recette de £ 500,000 (12,500,000 fr.), au tarif de 1 schelling par mot ; car ce seraient environ 10,300,000 mots par an, 28,220 par jour, et 19 par minute, en y comprenant ceux qu'exigent les besoins du service. Or, d'après le contrat passé, le câble des Açores doit être capable de transmettre de 20 à 25 mots par minute, vitesse de transmission formellement garantie par les entrepreneurs, au moyen des instruments actuellement employés pour le travail des câbles ; et cette vitesse *minima* sera doublée si les nouveaux instruments dont la Compagnie des Açores s'est réservé l'usage exclusif, donnent les résultats annoncés ; répétons que c'est un point sur lequel on sera prochainement fixé par des expériences faites à Paris même.

Nous nous référons, en attendant, à l'opinion du célèbre électricien américain, Moses G. Farmer, dont on trouvera la lettre à la suite de cette notice (1).

Dès à présent donc, il n'y a guère à douter de ce fait : *le câble des Açores aura la puissance de transmission nécessaire pour faire la quantité de trafic représentée par les* £ 500,000 (12,500,000 fr.), ci-dessus, *au prix de* 1 *schelling par mot.* Tandis que les câbles actuels n'auraient que la portion dont le câble des Açores ne pourra pas se charger.

Dans la voie de l'abaissement du tarif, bien évidemment, ni les câbles actuels, ni le câble des Açores ne peuvent descendre, sous peine de ruine, au-dessous de ce qui leur est nécessaire pour faire face à leurs frais d'exploitation et d'en-

---

(1) Les évaluations et chiffres concernant les dividendes probables, etc., ont pour base le système actuel de fonctionnement des câbles ; on n'a pas tenu compte des avantages considérables de ce nouvel instrument.

tretien. — La question se réduit donc à savoir laquelle des deux entreprises aura, sous ce double rapport, la moindre charge à supporter.

Les câbles de Terre-Neuve sont au nombre de six, représentés par l'énorme capital de £ 8,300,000 (207,500,000 fr.); — ils ont ensemble une longueur d'environ 15,000 milles (24,000 kilomètres); — sur les *six* câbles, il y en a *trois* qui sont en mauvais état; — la route qu'ils suivent, par les bancs de Terre-Neuve, est tellement dangereuse, que les accidents d'interruption y sont fréquents; — il faut observer en outre, que l'on a englobé dans la fusion de ces câbles, certaines lignes de terre, « les lignes de Terre-Neuve », dont les frais d'exploitation et d'entretien sont relativement beaucoup plus élevés que ceux des câbles. — Il est avéré que depuis la fusion, les frais d'exploitation et d'entretien des câbles actuels ont augmenté considérablement; ils dépassent 10 p. 0/0 de leurs recettes.

Par contre, le capital du câble des Açores, tel qu'il s'agit de l'exécuter présentement, de New-York aux côtes de France et d'Angleterre, ne dépassera pas £ 1,600,000 (40,000,000 fr.); le câble n'aura pas plus de 3,700 milles (5,920 kilomètres) de longueur; — il sera de la confection la plus solide et la plus soignée; — la route qu'il suivra ne présente aucun des dangers de la route suivie par les câbles de Terre-Neuve. — En raison de toutes ces circonstances, ses frais d'exploitation et d'entretien seront bien inférieurs à ceux de ses concurrents. Nous pouvons du reste les présumer par ceux du câble de Brest, l'ancien câble français, à l'époque où il opérait, indépendant des câbles anglais. A cette époque, en 1871, ses frais d'exploitation ne dépassaient pas £ 30,000 (750,000 fr.), et ses frais d'entretien £ 3,000 (75,000 fr.), à peine 5 p. 0/0 de ses recettes.

Mais ce n'est pas seulement à leurs frais d'exploitation et d'entretien déjà fort élevés que les câbles actuels auront à pourvoir; ils devront encore, dans la fixation du prix des dépêches, tenir compte des 2 pence (20 centimes) par mot, à payer aux lignes de « La Western Union », dont ils sont obligés de se servir pour communiquer avec New-York.

Le câble des Açores atterrissant, lui, à New-York même, fera l'économie de cette taxe. Pour les 10,300,000 mots qu'il transmettra par an, cela ne lui ferait pas moins de £ 35,000 (875,000 fr.)

Les câbles actuels étant *dans l'impuissance de faire au câble des Açores une concurrence de tarifs,* seront forcés d'en passer par le tarif qu'il plaira au câble des Açores de fixer.

Impuissants contre le câble des Açores, sur le terrain du tarif, les câbles actuels le seront plus encore en ce qui concerne la rapidité et l'exactitude dans la transmission des dépêches.

Prenons le cas le plus favorable pour les câbles de actuels, celui de la transmission entre Brest et New-York.

Par le câble actuellement en fonction, qui va de Brest à Duxbury par Saint-Pierre-Miquelon, les dépêches n'ont, il est vrai, entre les deux continents, qu'une retransmission, à l'île Saint-Pierre ; mais, de Duxbury, où elles sont prises par des lignes de terre, jusqu'à New-York, sur un parcours de plus de 350 milles (560 kilomètres), elles en subissent plusieurs ; on est parfois obligé, lorsque le temps est mauvais, ce qui arrive très-souvent en hiver, de les répéter de station à station. Toutes ces répétitions sont autant de causes de retards et d'altérations.

Par le câble des Açores, qui partira de Brest ou du Havre et qui arrivera à New-York même, les dépêches subiront *une* retransmission, aux Açores, mais ce sera la seule ; et même, si les instruments nouveaux réussissent, la retransmission aux Açores pourra être évitée ; on irait sans interruption de France à New-York.

En fait, dans le temps où, par le câble actuel de Brest à Duxbury, touchant à Saint-Pierre, une dépêche parviendrait à Duxbury, à 350 milles (560 kilomètres) de New-York, sa destination, elle serait rendue à New-York même, par le câble des Açores.

La conséquence d'un tel état de choses est forcée : tout négociant de Londres ou de Paris, comme de New-York, confiera ses télégrammes au câble des Açores, à prix égal, de préférence aux câbles actuels.

En supposant, contre toute vraisemblance, que sa recette annuelle ne soit que de £ 500,000 (12,500,000 francs), si l'on en déduit le montant des frais généraux, en faisant une large part à l'imprévu, il restera, bénéfice net, £ 400,000 (10,000,000 de fr.), soit sur un capital de £ 1,600,000 (40,000,000 de fr.), 25 %.

On peut être surpris d'entendre parler d'un tel dividende pour une entreprise de câble ; mais on doit se rappeler que, dans les premières années de leur établissement et avant que leur capital eût été inutilement majoré, les câbles atlantiques rapportaient de 20 à 40 %.

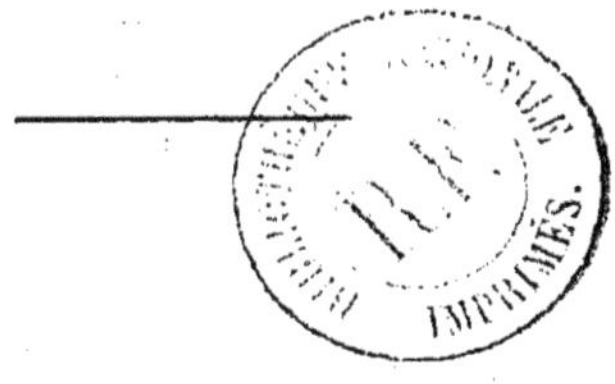

II. RÉSUMÉ.

1° Le câble atlantique des Açores partira de la ville même de New-York, qui fournit la presque totalité du trafic des dépêches entre les deux continents.

2° Il arrivera, par les Açores, sur les côtes européennes en suivant une route où il sera à l'abri des causes d'accidents qui interrompent le service des câbles passant par les parages de Terre-Neuve.

3° Le câble des Açores sera le plus lourd et le plus puissant des câbles qui aient été posés jusqu'ici; il pourra transmettre, par minute, de 20 à 25 mots, au moyen des appareils actuellement employés, et de 40 à 50, au moyen des nouveaux appareils dont l'entreprise aura le monopole, si, comme on a, dès à présent, lieu de l'espérer, ces appareils réussissent.

4° Le service du câble des Açores réalisera, dans la transmission, une rapidité et un degré d'exactitude que les câbles de Terre-Neuve sont impuissants à atteindre.

5° D'après un contrat à forfait, déjà conclu pour l'exécution des travaux, il est certain que le capital de l'entreprise, limitée, pour le moment, à la mise en communication de la ville de New-York avec la France et l'Angleterre, ne dépassera pas £ 1,600,000 (40 millions de francs). Ce capital ne sera pas même le *cinquième* de celui des entreprises des câbles actuels qui est de £ 8,300,000 (plus de 207 millions de francs), et ces derniers ne mettent la France et l'Angleterre en communication avec New-York que d'une manière imparfaite, c'est-à-dire à la condition de se servir, sur le continent américain, de lignes de terre laissant beaucoup à désirer.

6° L'entreprise aura, comme fonds de roulement et de réserve, à la mise en opération de ses câbles, environ £ 100,000 (2,500,000 francs) à sa disposition.

7° Elle aura, en outre, pour le service de ses stations, l'entretien et la réparation de ses câbles, un steamer de 1,700 tonnes, construit *ad hoc* et muni de machines pour relever les câbles à toute profondeur et les réparer au besoin.

8° Les frais d'exploitation et d'entretien du câble des Açores seront incontestablement moindres que ceux des câbles actuels, c'est-à-dire au-dessous de 10 0/0 des recettes; et sur le montant du prix des dépêches entre New-York et Londres, Paris, le tarif étant à 1 schelling par mot, le câble des Açores bénéficiera de 15 à 16 0/0 de plus que les câbles rivaux, par l'économie qu'elle fera des 2 pence ou 20 centimes par mot que ces dernières sont forcées de payer à la « Western Union » pour communiquer avec New-York.

De 1870 à 1874, le produit moyen du trafic des dépêches entre l'Europe et l'Amérique, formant le revenu propre des compagnies de câbles, n'a pas été inférieur à £ 800,000 (20 millions de francs) par an ; et la somme payée par le public a dépassé £ 1,000,000 (25 millions de francs) y compris les taxes et redevances prélevées par les lignes terminales des câbles.

Depuis 1874, où s'est déclarée une stagnation exceptionnelle des affaires qui dure encore, le trafic des dépêches à travers l'Atlantique se maintient à une moyenne de £ 2,000 (50,000 francs) par jour pour les câbles, soit avec les sommes perçues par les lignes de terre terminales plus de £ 2,400 (60,000 fr.) payées par le public, ce qui ne fait plus qu'environ 22,000,000 de francs par an ; mais cette crise générale, qui affecte le commerce de l'univers entier, doit avoir une fin prochaine.

En raison des avantages que nous avons indiqués et qui rendent impossible toute concurrence de la part des câbles actuels, l'entreprise du câble des Açores est sûre d'avoir autant de trafic qu'elle en pourra faire ; et au tarif de 1 schelling (1 fr. 25) par mot qu'elle adopte, ses actionnaires resteront dans une bonne situation.

Par le grand service de télégraphie sous-marine qu'elle est destinée à faire entre les deux hémisphères, l'entreprise du câble des Açores comptera parmi les plus utiles de notre temps.

12. L'INTÉRÊT DE LA FRANCE.

Pour entourer l'entreprise de toutes les garanties possibles de succès **La Compagnie du câble américain** propose la formation, en Europe, d'une Société avec laquelle elle s'entendrait pour établir et exploiter le réseau de câbles qu'elle est en droit de poser, en se réduisant, quant à présent, à la ligne qui relierait la France et l'Angleterre avec la ville de New-York.

Le Conseil d'administration de la Société serait composé de notabilités financières, commerciales ou techniques, appartenant aux divers pays que le réseau mettrait en communication. Les titres de la Société seraient libellés en anglais et en français, et les coupons d'intérêt et de dividende, payables en *or*, dans chacun des pays où l'entreprise aurait des stations : dès l'abord à

Paris, à Londres, à New-York et, plus tard, à Lisbonne, à La Haye ou Amsterdam, à Anvers ou à Bruxelles, à Gênes. Dans ces conditions, les titres en question s'adapteraient aux convenances des capitalistes de tous les grands États commerçants.

La proposition de la Compagnie américaine, qui vise à faire de l'entreprise une affaire internationale, mérite de trouver un accueil favorable en France.

Des considérations d'un grand poids la recommandent aux Français. Les unes sont de l'ordre commercial, les autres de l'ordre politique; ces dernières sont à l'adresse du gouvernement français lui-même.

Il serait superflu d'insister sur l'intérêt évident et même la nécessité qu'il y a, pour la France, d'avoir avec les États-Unis une communication télégraphique indépendante. Le câble des Açores aux mains d'une Société française la lui fournirait. Le Gouvernement y trouvera, pour la transmission de ses dépêches, des garanties indispensables, et, quant au commerce, il est visible que le nôtre ne peut que tirer un grand avantage de l'amélioration qu'offrira le câble des Açores, amélioration considérable, car elle affecte à la fois la célérité de la transmission et le prix.

Lorsque une dépêche de 10 mots, et l'on est parvenu à réduire à ce petit nombre la longueur d'une dépêche, ne coûtera plus que. . . . .   12 fr. 50
après en avoir coûté dans le passé   500   »
et dans le moment actuel   37   50
nos commerçants pourront appliquer à l'océan Atlantique le mot célèbre de Louis XIV, pour les Pyrénées.

Paris, 11 mai 1877.

10, RUE MOZART.

ANNEXES

LETTRE DE M. J.-F. VAN CHOATE

AGENT GÉNÉRAL DE LA COMPAGNIE DU CABLE AMÉRICAIN.

Une nouveauté en télégraphie océanique.

La *Compagnie du Câble américain* vient de terminer ses arrangements pour l'établissement d'une communication télégraphique, par un câble direct, entre la ville de New-York et la France, l'Angleterre, la Hollande, le Portugal et l'Italie.

Par les avantages de sa route et l'emploi de deux nouveaux instruments pour le fonctionnement des câbles, à travers l'Océan, d'après un plan entièrement nouveau et non encore appliqué jusqu'ici à la télégraphie pratique, la Compagnie est en mesure d'opérer une véritable révolution dans les entreprises de câbles transatlantiques. Les arrangements qu'elle a faits pour l'usage de ces nouveaux instruments datent de l'époque de sa constitution, il y a déjà sept ans ; ce qui explique qu'ils n'aient jamais été appliqués jusqu'ici au travail des câbles.

Voici six ans que la Compagnie travaille patiemment, luttant contre une opposition puissante et des circonstances défavorables, obtenant des divers gouvernements les concessions d'atterrissements qui lui étaient nécessaires, pour arriver à réaliser son réseau de câbles, au moyen duquel elle pourra réduire le tarif des dépêches et procurer au public des deux continents des facilités de communication plus grandes que celles que peut lui donner tout autre compagnie. Elle a tenu ses plans secrets jusqu'à la conclusion de ses arrangements pour une réalisation rapide et sûre de son entreprise. La fabrication et la pose de ses câbles, aussi bien que l'application de ses nouveaux instruments, sont désormais assurés.

En outre de divers autres avantages sur ses rivales, la Compagnie aura l'usage exclusif des deux nouveaux instruments qui sont dûment brevetés, et de la plus grande importance.

L'un est un instrument avec un appareil pouvant imprimer une lettre de l'alphabet romain par chaque impulsion électrique envoyée à travers le câble. Au moyen de cet instrument, la vitesse pratique du travail d'un câble sera *quatre* fois plus grande que celle que l'on obtient par le système du galvanomètre.

Le second instrument est plus nouveau ; il est hermétiquement renfermé dans un globe en cuivre de sept pouces de diamètre ; *il sera fixé au câble et immergé avec lui au fond de la mer, à moitié route, entre la ville de New-York et la France ou l'Angleterre : il partagera ainsi en deux parties ou sections les longs parcours entre deux continents, ou deux points quelconques, ou deux contrées.*

De cette manière, le plus long circuit électrique, entre la ville de New-York et la France ou l'Angleterre, sera réduit à environ le *tiers* de celui des câbles anglais, entre l'Irlande et Terre-Neuve.

D'après les formules de Clark et Sabine, le travail pratique d'un câble ayant cette longueur et contenant 400 livres de cuivre par mille, dépasse, au moyen du galvanomètre, 32 mots par minute ; au moyen du nouvel instrument, la vitesse théorique dépasserait 100 mots par minute ; pratiquement, elle dépendra de l'habileté de l'opérateur à faire marcher les touches de l'instrument, qui sont semblables à celles d'un piano ; elle pourra atteindre, sans doute, de 50 à 60 mots par minute.

L'instrument qui se trouve dans l'intérieur du globe en cuivre, immergé au fond de la mer, y accomplit, sans exiger de soins, le travail de ces appareils employés sur les lignes de terre, connus en Amérique sous le nom de « répétiteurs » et, dans d'autres pays, sous le nom de « commutateurs ».

Les nouveaux instruments en question ont été essayés séparément, et combinés l'un avec l'autre, par des électriciens compétents. Les essais faits prouvent qu'ils fonctionneraient parfaitement sur un câble de 3,000 milles (4,800 kilomètres) de longueur et du type du câble atlantique de Brest à Saint-Pierre ; et ils fonctionneraient avec un courant électrique aussi délicat que celui qu'exige le fonctionnement du galvanomètre appliqué à un câble.

L'instrument qui sera dans le globe en cuivre et hermétiquement renfermé dans le globe, immergé au fond des mers avec le câble, à mi-route entre deux contrées, équivaudra à un bureau d'opérateurs vivants qui seraient en station sur ce point ; et même, il sera préférable à un bureau et à des opérateurs vivants, par la raison qu'il ne nécessitera ni loyer, ni gaz à payer ; et, comme il fonctionne automatiquement, il ne lui faudra ni nourriture, ni salaire ; et il ne sera pas plus exposé à se déranger que le câble lui-même ; et, si cela arrivait, on pourrait le relever, le réparer et le remettre en place, aussi aisément qu'on le fait pour un câble auquel survient un défaut. L'instrument fonctionne sens dessus dessous, dans n'importe quelle position, aussi bien flottant entre deux eaux, que roulant au fond des mers. Il ne contient ni ressorts, ni roues ; il n'a pas besoin d'être monté comme une montre ; rien qui puisse se déranger. C'est une création toute nouvelle en instruments télégraphiques ; pour énumérer ses avantages et donner une description technique de ses parties et des principes qui en sont la base, il faudrait plus d'espace que n'en comporte cette courte note ; nous devons nous borner à mentionner ici les résultats qu'il donne.

Désormais plus de nécessité de poser les câbles par des routes *détournées* ou *désavantageuses*, comme celles que suivent les câbles atlantiques actuels, pour obtenir de courtes distances, ou un travail de transmission pratique.

L'importance de l'invention équivalente à celle d'une station d'opérateurs vivants à mi-Océan est manifeste ; inutile d'insister.

Par l'emploi de ce « Globe-Instrument », on peut détacher d'un point quelconque d'un câble principal, en plein Océan, un embranchement et le diriger soit à droite, soit à gauche, vers un point ou pays du voisinage.

Le câble principal de l'entreprise en question allant de New-York à la France et en Angleterre, se divisera, à une distance de 100 à 200 milles (160 à 320 kilomètres) de Brest ou de Land's End, en deux embranchements : l'un ira atterrir à la côte de France, et l'autre à la côte d'Angleterre ; et ainsi, de la façon la plus heureuse, on évitera tout conflit avec la « Sous-Marine », à raison de son privilége pour la traversée de la Manche.

En fait, une Compagnie ayant le droit de faire usage de ces inventions, est, en quelque sorte, indépendante de tout atterrissement intermédiaire ; elle peut immerger un « Globe-Instrument », le fixer à un point de son câble en pleine mer et faire partir de ce point des lignes dans toutes les directions, comme autant de tentacules.

« Le Globe-Instrument » en question a encore un autre grand avantage dans le cas où, pour partager un long parcours dans la pose d'un câble d'un pays à un autre, on désire atterrir le câble quelque part sur sa route, et que l'on manque des permissions d'atterrissement néces-saires, ou qu'on ne peut les avoir à des conditions raisonnables ; le cas s'est présenté pour le « Direct », auquel l'on a fait des difficultés pour son atterrissement à Terre-Neuve. Si la Com-pagnie du « Direct » avait eu à sa disposition un de ces « Globes-Instruments », elle l'aurait immergé dans le voisinage de la côte, à 4 milles des plus basses eaux, pour se tenir en dehors de la juridiction de Terre-Neuve (1), et, de ce point, le câble aurait pu être divergé et continuer vers la côte américaine, sans passer, comme il a été obligé de le faire, en droite ligne, par la plus mauvaise partie des Bancs, à une certaine distance de Saint-Pierre.

Plusieurs câbles venant de différentes directions pourraient être centralisés, en plein Océan, à un de ces globes.

Un opérateur de n'importe quel embranchement placé d'un côté du globe peut transmettre des messages, soit par un des embranchement seulement, soit par tous les embranchements à la fois qui sont de l'autre côté du globe, exactement comme cela lui convient, *et vice versâ*.

Le globe en cuivre renfermant l'instrument sera essayé d'abord dans les ateliers avant d'être embarqué à bord du navire où se trouvera le câble. Lorsque le câble sera posé jusqu'au point voulu (l'on peut s'arranger pour que ce point coïncide avec le bout d'une section de câble), le « Globe-Instrument » sera alors fixé au câble et lancé par-dessus bord, sans plus de difficulté qu'un plomb de sonde ou loch.

Une particularité fort nouvelle de cet instrument est qu'une fois relié au câble, à bord du navire, et avant qu'il ait été immergé, il peut être complétement essayé, et la communication établie du navire à travers l'instrument jusqu'à la station qui est à terre et aussi avec l'autre bout du câble, et *vice versâ*, en mettant en contact simplement l'enveloppe du globe avec les appareils télégraphiques qui sont à bord ; et une fois immergé il peut être relevé, et la commu-nication établie à travers l'instrument, ainsi qu'il est dit plus haut, sans déranger l'union du câble avec l'instrument.

Ainsi que nous l'avons déjà dit, ces instruments ont été essayés plusieurs fois et le seront de nouveau complétement une fois les câbles de la Compagnie fabriqués.

La première émission de capital sera de £1,600,000 (40 millions). Avec ce capital la Compagnie complétera ses câbles entre la ville de New-York et la France, l'Angleterre. Le câble sera d'un modèle nouveau et amélioré, solide et bien protégé, d'une qualité supérieure. Le fil conducteur contiendra 400 livres de cuivre et 400 livres de gutta-percha par mille, et grâce

---

(1) La juridiction ou domaine de tout pays et de ses îles ayant pour limites l'Océan, finit à 3 milles marins au delà de la limite de la mer à marée basse. A partir de ce point, l'Océan est à tout le monde.

aux avantages des nouveaux instruments, la communication entre les contrées précitées sera *directe*. On obtiendra une vitesse de transmission à travers l'Océan, de 25 à 40 mots par minute. Mais, si les nouveaux instruments appliqués sur les câbles, une fois posés, donnent les résultats qu'ils ont donné dans les essais déjà faits, la Compagnie pourra poser un second câble allant *droit* à travers l'Océan, de New-York à la France ou à l'Angleterre ; — il aurait une capacité de transmission égale à celle de n'importe quel câble aujourd'hui en fonction, et il ne coûterait pas plus de £ 500,000 (12,500,000 fr).

Il ne serait pas nécessaire, pour obtenir cette vitesse de transmission, que le fil conducteur contînt plus de 100 livres de cuivre par mille ; seulement le câble serait bien protégé au moyen de fils de fer extérieurs, de façon à supporter la tension de la pose et du relèvement, s'il fallait le relever pour y faire quelque réparation, et pour empêcher également que la gutta-percha pût être perforée par les animalcules marins.

Un semblable câble aurait tous les avantages des câbles dits « Light cables » (câbles légers), tout en étant solides et aussi bien protégés que les câbles atlantiques actuels.

Les câbles que la Compagnie se propose de poser tout d'abord, entre New-York par les Açores et la France et l'Angleterre, contiendraient, ainsi qu'il a été dit, 400 livres de fil de cuivre, de façon à avoir une vitesse de 20 à 40 mots, par le galvanomètre, en cas que les nouveaux instruments ne réussissent pas. Que si les instruments réussissent, ils auraient alors une vitesse théorique de plus de 100 mots par minute, c'est-à-dire qu'ils pourraient faire trois fois autant de travail que tous les câbles atlantiques actuels ensemble, lesquels sont représentés par un capital de £ 8,300,000 (207,500,000 fr.). La vitesse pratique des nouveaux instruments dépendrait uniquement de l'habileté des opérateurs ; elle pourrait atteindre, ainsi que nous l'avons déjà remarqué, de 50 à 60 mots par minute, c'est-à-dire autant que peuvent faire trois ou quatre des câbles existants.

Ayant entendu parler, de par la ville et ailleurs, de projets de « Light câbles » (câbles légers), (sujet qui revient assez périodiquement), je me fais un devoir, aussi bien envers le monde savant qu'envers le monde financier et aussi dans l'intérêt de ma Compagnie, de faire connaître les améliorations nouvelles déjà découvertes et qui vont être appliquées dans les câbles à travers l'Océan, afin que le public n'aille pas *se brûler les doigts*, ainsi qu'il l'a déjà fait, en engageant de l'argent dans ces soi-disant « Light câbles » ou câbles sans armure ; il faudrait ou les poser en suivant des routes indirectes ; ou, si on les posait en longs parcours, leur transmission étant lente, ils ne présenteraient absolument aucun avantage. En outre, le petit insecte marin qu'on appelle « Le Borer » (le Perçoir), en perforerait la gutta-percha ou l'indica-rubber, en très-peu de mois ; il les détruirait en fait ; il est aujourd'hui reconnu que de pareils câbles ne peuvent supporter la tension du relèvement pour les réparations.

Vous priant d'excuser la longueur de ma communication, je suis votre

(*Signé*) J.-F. Van Choate.
Agent général de la Compagnie du Câble américain.

(Traduction.)

LETTRE DE M. MOSES G. FARMER.

Boston, 11 juin 1872.

Au concessionnaire du Câble Américain.

CHER MONSIEUR,

J'ai fait l'essai de votre instrument pour le travail des câbles par le système du « Sonneur » ou de « l'Imprimeur », et j'ai fait fonctionner, au moyen de votre instrument, un appareil « Sonneur » sur un circuit représentant au delà de 3,000 milles du câble atlantique français avec sept éléments d'une batterie Daniel.

L'instrument fait pour servir sur des câbles ferait fonctionner pratiquement le câble français entre Brest et Saint-Pierre (2,584 milles) ou les câbles atlantiques anglais avec les batteries ordinaires employées, comprenant environ quinze éléments.

Au moyen de votre instrument l'on pourrait faire marcher un appareil imprimant les lettres de l'alphabet romain ; on obtiendrait une lettre par chaque impulsion de signal. Le Galvano-mètre-réflecteur actuellement employé pour le travail des câbles avec le Code Morse, nécessite en moyenne trois signaux par lettre. — La capacité d'un câble pour la transmission des impul-sions ne dépend pas du système du galvanomètre réflecteur; il y a une limite à la vitesse de transmission par ce dernier : la difficulté de la lecture par la vue.

Les essais que j'ai faits montrent qu'avec un câble de la qualité du câble français vous pourrez avec votre instrument faire fonctionner un appareil « Imprimeur » entre New-York et les Açores, avec une batterie de quinze à vingt éléments, et un moindre nombre en augmen-tant les spires de l'aimant, ainsi que vous le proposez.

Il semble probable que, par l'emploi de vos instruments combinés, avec un appareil « Sonneur », un « Imprimeur », le nombre des mots qui, dans un temps donné, pourrait être transmis par un câble, pourrait être augmenté de 15 à 25 ou même 35 par minute. Natu-rellement la vitesse ne saurait être déterminée d'une manière positive qu'en faisant l'application des instruments sur un câble posé.

Votre respectueux, etc.

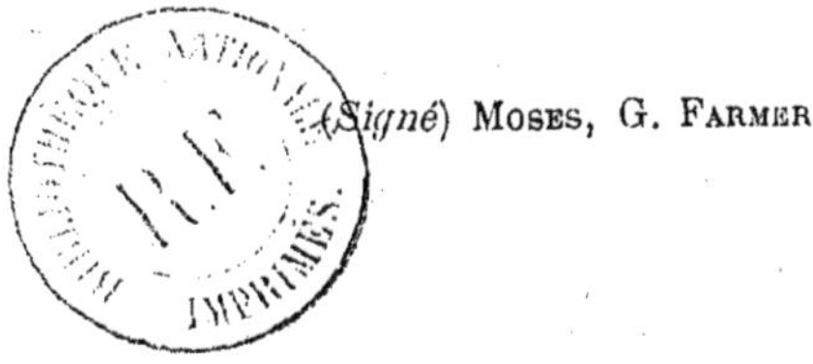

(*Signé*) MOSES, G. FARMER.

(Traduction.)

Paris-Imp. PAUL DUPONT, 41, rue Jean-Jacques-Rousseau. 783.3.77

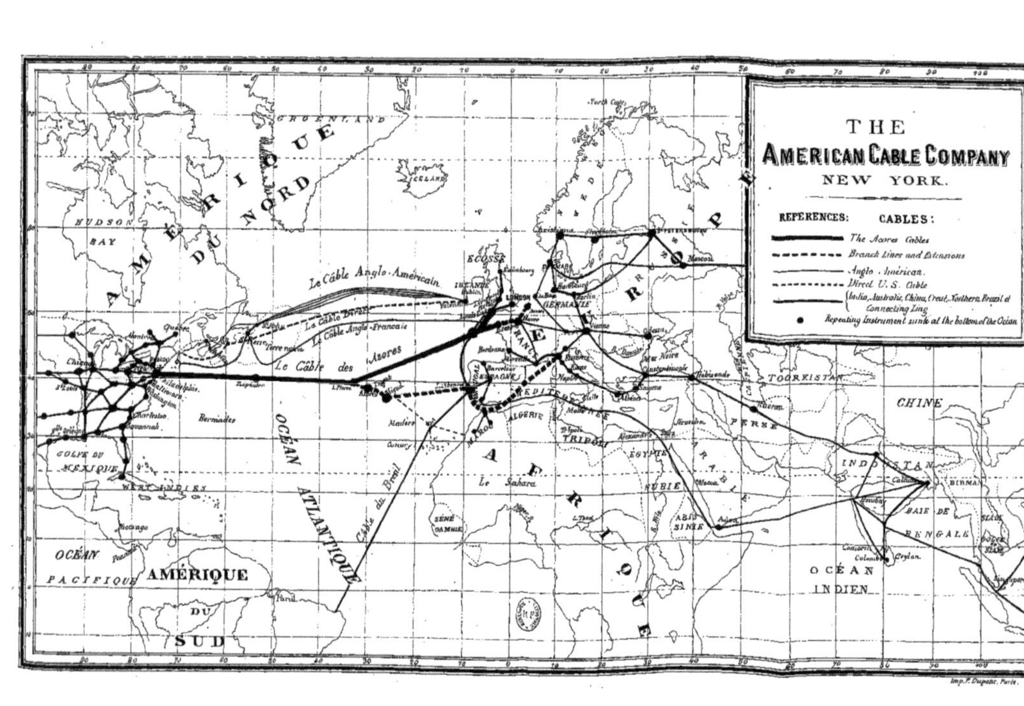
THE
AMERICAN CABLE COMPANY
NEW YORK.
REFERENCES: CABLES:
The Azores Cables
Branch Lines and Extensions
Anglo American.
Direct U. S. Cable
India, Australia, China, Orient, Northern, Brazil et Connecting Line
Repeating Instrument sunk at the bottom of the Ocean
AMÉRIQUE DU NORD
GROENLAND
ISLANDE
HUDSON BAY
ECOSSE
EUROPE
St PETERSBOURG
LONDON
ALLEMAGNE
FRANCE
ESPAGNE
MÉDITERRANÉE
PORTUGAL
ALGÉRIE
MAROC
TRIPOLI
ÉGYPTE
ARABIE
NUBIE
ABISSINIE
AFRIQUE
Le Sahara
SÉNÉGAMBIE
Le Câble Anglo-Américain
Le Câble Direct
Le Câble Anglo-Français
Le Câble des Azores
Câble du Brésil
OCÉAN ATLANTIQUE
OCÉAN PACIFIQUE
AMÉRIQUE DU SUD
GOLFE DU MEXIQUE
WEST INDIEN
Bermudes
Madère
Canary
Quebec
Montreal
Philadelphie
Baltimore
Charleston
Savannah
Mer Noire
Constantinople
PERSE
TURKESTAN
CHINE
INDOUSTAN
BIRMAN
BAIE DE BENGALE
Ceylan
Colombo
OCÉAN INDIEN
Imp. F. Dupont, Paris.

www.ingramcontent.com/pod-product-compliance
Ingram Content Group UK Ltd.
Pitfield, Milton Keynes, MK11 3LW, UK
UKHW020912140726
13695UKWH00006B/2468